Wuff

Wie gut kennst du deinen Hund?

Der große Hunde-Persönlichkeitstest

Wuff

Wie gut kennst du deinen Hund?

Der große Hunde-Persönlichkeitstest

Alison Davies

Mit Illustrationen von Alissa Levy

Inhalt

Einleitung

Hunde heben die Stimmung, einfach weil sie HUNDE sind. Ihr freudiges Wedeln mit der Rute, ihr unwiderstehlicher Hundeblick, ihr treues Wesen und ihr Bedürfnis zu gefallen, haben ihnen den Platz als bester Freund des Menschen gesichert. Die ersten Wölfe, die in der Eiszeit an der Seite des Menschen jagten, waren zunächst eher Nahrungskonkurrenten. Doch schnell zeigte sich, dass die Zusammenarbeit Vorteile hatte. Mit der Zeit wurden sie von den Jägern und Sammlern domestiziert, die das Potenzial der vierbeinigen Helfer erkannten und sie durch Zucht zu Hunden weiterentwickelten.

Heute sind unsere Hunde vollwertige Familienmitglieder, die im Mittelpunkt stehen und Freude in unser Leben bringen. Aber wie ticken Hund wirklich? Nach außen hin scheinen sie ihr Herz auf der Zunge zu tragen und vor allem Streicheleinheiten, ihr Nickerchen und Leckerlis zu lieben. Doch schaut man etwas genauer hin, wird deutlich, dass wir vieles zu wissen *glauben* und vielleicht viel mehr nicht wissen.

Bellen unsere Hunde wirklich unnötig, oder geben sie Anweisungen auf Hündisch? Jagen sie ihre eigene Rute oder wollen sie uns irre machen? Und aus welchen unerfindlichen Gründen schubbern sie sich flach den Boden entlang? Alles ein großes Rätsel? Die Hunde selbst sind es vielleicht auch. Mit ihrem nur mandarinengroßen Gehirn bescheren sie uns jede Menge Durcheinander, Chaos und liebevoll schlabbernde Liebkosungen. In Sekunden vom Fellknäuel zur Bestie und wieder zurück – dein Hund ist ein Mysterium, das du vielleicht nie ganz entschlüsseln wirst. Dieses Buch lässt dich hinter die Fassade blicken und besser erkennen, wer dein Hund wirklich ist. Schließlich ist dein Hund da, um dich glücklich zu machen, also ist es nur fair, dass du dich revanchierst. Je mehr du über seinen Persönlichkeitstyp weißt, desto besser kannst du ihm ein toller Hundemensch sein und ihm so ein tolles Hundeleben bieten. Du lernst auch, mit welchen Kniffen du bei deinem Hund Begeisterung auslöst.

Vielleicht braucht es ein ganzes Leben, um einen Dalmatiner zu durchschauen oder herauszufinden, wie ein Terrier tickt. Ein Ansatzpunkt ist hilfreich, und genau den findest du hier – eine Grundlage, von der aus du die Persönlichkeit deines Hundes entschlüsseln kannst.

Wie dieses Buch funktioniert

Jeder der neun Tests in diesem Buch beleuchtet einen bestimmten Aspekt der Persönlichkeit deines Hundes. Wähle bei den Fragen der Tests jeweils die Antworten (A–D) aus, die deinem Hund am ehesten entsprechen. Zähle die Buchstaben anschließend zusammen, um zu sehen, mit welchem der jeweils vier Profile dein Hund am stärksten übereinstimmt.

Möchtest du wissen, welche Rolle die Rasse bei den Eigenheiten deines Hundes spielt? Auf den Seiten 122–125 erfährst du mehr über die Eigenschaften beliebter Rassen. Ist dein Hund mehr von den Genen oder der Umwelt beeinflusst? Ist dein Pudel aus dem gleichen Holz geschnitzt wie ein Rottweiler?

Dieser unterhaltsame Leitfaden basiert auf Forschungsergebnissen, ist aber kein wissenschaftliches Buch. Er soll dir helfen, deinen Hund zu verstehen und eure Bindung zu stärken. Du wirst ihn vielleicht in einigen Antworten eins zu eins wiedererkennen, manchmal aber auch nicht. Das ist nicht schlimm: Jeder Hund ist schließlich einzigartig.

Die sechs Hundetypen

Jedes Profil deutet darauf hin, mit welchem der sechs Hauptmerkmale der Persönlichkeit (siehe rechts) – erstmals 1979 vom American Kennel Club aufgelistet – dein Hund am häufigsten übereinstimmt. Zähle die Ergebnisse aller neun Tests auf Seite 118 zusammen und finde heraus, welche Merkmale die Persönlichkeit deinen Hund am stärksten prägen. So bekommst du ein umfassendes Bild von deinem Hund.

Die sechs Hundetypen

2

AUSGEGLICHEN

Freundlich, umgänglich.
Liebt es, im Mittelpunkt
zu stehen.

3

EXTROVERTIERT

Selbstbewusst,
sucht aktiv nach
neuen Erfahrungen.
Übernimmt gern
die Führung.

1

DOMINANT

Forsch. Scheut sich
in den seltensten
Situationen davor,
sich durchzusetzen.

4

INTROVERTIERT

Ängstlich, braucht
Sicherheit.
Baut eine enge
Bindung zu seinem
Menschen auf.

5

**ANPASSUNGS-
FÄHIG**

Sanft, anhänglich.
Eventuell wenig
selbstbewusst, aber
einfach im Umgang
und kooperativ.

6

UNABHÄNGIG

Wenig Interesse
an menschlicher
Gesellschaft. Blüht
auf, wenn er eine
Aufgabe hat.

Alpha-Hund

Wie selbstbewusst ist dein Hund?

Hunde haben Urinstinkte, durch die sie ihre Stellung im Rudel finden. Diese von Geburt an entwickelten Triebe führen dazu, dass manche Hunde geborene Anführer sind und andere eher Mitläufer. Im Kampf um die Aufmerksamkeit ihrer Mutter werden dominante Welpen als Erste wahrgenommen. Mit der Zeit und der Entwicklung seiner Instinkte findet jeder Welpe seinen Platz im Rudel.

Wo dein Hund in der Hierarchie steht, hängt teils von seiner frühen Prägung ab und teils davon, wie er in die Dynamik deiner Familie hineinpasst. Auch die Persönlichkeit spielt dabei eine große Rolle: Meist sind sehr ängstliche oder introvertierte Welpen weniger selbstbewusst. Die Rasse ist ebenfalls von Bedeutung, wobei größere Hunde nicht automatisch dominant sind – tatsächlich haben einige kleinere Rassen häufiger das Zeug zum Chef.

Nicht jeder Hund möchte die Nummer eins sein. Einige folgen lieber, andere vermitteln und überlassen es den geborenen Anführern voranzugehen. Herauszufinden, wo sich dein Hund auf der Alpha-Omega-Skala befindet, eröffnet erstaunliche Einblicke in seine Psyche. Will er die Weltherrschaft oder nur das Sofa annektieren, auf dem du sitzt?

1. **In jedem Haushalt gibt es eine Familiendynamik, in die sich dein Hund einfügt. Für wen hält dich dein Hund?**

A Seinen Komplizen.

B Seinen besten Freund.

C Sein Frauchen oder Herrchen.

D Ein Mitglied »seines« Rudels.

2. **Wer bekommt abends vor dem Fernseher den besten Platz auf dem Sofa?**

A Dein Hund überlässt ihn gern dir, solange er sich an dich kuscheln kann.

B Das ist deinem Hund egal, er findet den perfekten Platz zum Dösen irgendwo in der Nähe.

C Du, aber dein Hund rollt sich auf deinem Schoß zusammen.

D Dein Hund, und wenn du versuchst, ihn wegzuschieben, stellt er sich tot.

3. Wie schließt dein Vierbeiner neue Hundefreundschaften?

A Langsam, und er schnüffelt viel am Hinterteil.

B Ganz leicht, mit viel Körperkontakt und aufgeregtem Bellen.

C Er ist sehr scheu und braucht lange, bis er einem anderen Hund traut.

D Er hat keine Kumpels, nur Untergebene.

4. Dein Hund und ein anderer zoffen sich. Wie geht das wahrscheinlich aus?

A Es geht nur ums Kläffen, und er kläfft lauthals mit.

B Er geht Ärger aus dem Weg, wird sich aber nicht unterbuttern lassen, wenn es ernst wird.

C Er versteckt sich hinter dir, einem Pfosten, einem Grashalm ...

D Der hat vor nichts Angst. ER. IST. DER. CHEF.

5. Liebt dein Hund alles und jeden oder ist er ein Ein-Mann-Hund?

A Er freut sich über neue Leute, aber du wirst immer sein Lieblingsmensch sein.

B Er ist freundlich zu allen.

C Andere Menschen? Er hat dich und nur das zählt.

D Er duldet Menschen, solange sie ihren Platz kennen.

6. Es gibt Brathähnchen, dein Hund liebt es. Was macht er?

A Er mopst einen Hähnchenflügel.

B Er drückt sich liebevoll so lange an dich, bis er etwas abbekommt.

C Er beleckt sich und sabbert, bis du dich so schlecht fühlst, dass du weich wirst.

D Er hat natürlich den besten Platz am Tisch!

7. Wenn dein Vierbeiner einem größeren Hunderudel angehören würde, welche Stellung hätte er?

A Er würde vorneweg den Weg zu neuen Abenteuern weisen.

B Er wäre der Hundekumpel von allen und Teil des Teams.

C Er würde sich im Hintergrund sicherer fühlen und Anweisungen Folge leisten.

D Er ist die Nummer eins, der Drahtzieher von allem.

8. Welcher Fernsehhund ähnelt deinem Hund charakterlich am meisten?

A Er ist keck wie Brian Griffin aus »Family Guy«.

B Er ist fröhlich wie Knecht Ruprecht aus »Die Simpsons«.

C Er ist ängstlich wie Scooby-Doo.

D Er hat wie Snoopy das Sagen.

9. **Was würde dein Hund in einem Raum voller Kinder machen?**

A Seine Rute jagen und mit den Kindern herumtoben.

B Dafür sorgen, dass alle Kleinen ihn streicheln und knuddeln können.

C Sich jammernd in eine Ecke verkriechen.

D Wachsam den klebrigen Patschehändchen aus dem Weg gehen.

Die Ergebnisse

Der Guerillero

AUSGEGLICHEN & EXTROVERTIERT

Dieser Hund könnte auch »Frechdachs« heißen. Für ihn ist das Leben ein einziges Spiel, und er spielt gern mit. Er ist freundlich und lustig, zweifellos der Mittelpunkt der Party. Das heißt nicht, dass er nicht schimpft, wenn etwas nicht in Ordnung ist. Bei seinen Kumpels ist er nicht zimperlich, aber was zwischen den Vierbeinern passiert, bleibt auch dort. Wenn er herausgefunden hat, wie der Hase bei wem läuft, ist er wieder unbeschwert wie eh und je. Was die Menschen betrifft, so hat er nur Augen für dich. Dass er Teil der Familie ist, bringt ihn zum Wedeln, aber damit du nicht zu bequem wirst, wird er dich ab und zu über ein Stöckchen stolpern lassen: Rechne damit, dass Dinge verschwinden und angenagt wieder auftauchen. Das alles ist Teil seines großen Plans, dich zu unterhalten – und dich um seine Pfoten zu wickeln.

Alpha-Hund

Der Teamplayer

AUSGEGLICHEN & ANPASSUNGSFÄHIG

Entspannt, gechillt und gänzlich unbeschwert, mag er's locker. Sollen sich die Alphas doch nach Kräften auf die Brust trommeln. Wenn sich andere aufplustern, fläzt er lieber herum und bearbeitet sein Quietschie. Für ihn ist alles ein Spiel. Als vermutlich sanfte, unkomplizierte Rasse wie Bichon Frisé oder Cavalier King Charles Spaniel ist er jedermanns bester Kumpel. Auf ihn kann man zählen, wenn man eine Aufmunterung braucht. Wenn dieser Hund sprechen könnte, bei ihm ginge es immer um den Mittelweg. Er ist sehr schlau: Er liest nicht nur deine Stimmungen und Wünsche, sondern weiß auch, mit welchen Kunststückchen er immer ein Extra-Leckerli bekommt. Sein Motto ist: »Ersticke sie in Freundlichkeit.« Erst wenn alles scheitert, gibt er sich geschlagen, solange er dir dabei zu Füßen liegen kann.

Alpha-Hund

TYP

C

Das Hündchen

INTROVERTIERT & ANPASSUNGSFÄHIG

Diese ängstliche kleine Seele liebt es einfach, betüddelt zu werden. Sie kann nichts dafür: Sie war wahrscheinlich die Kleinste im Wurf und hat es schwer, sich durchzusetzen. Süß und kuschelig zu sein sind ihre Superkräfte. Sie erweicht selbst das härteste Herz, kann sich aber nicht behaupten. Beim leisesten Anzeichen eines Kampfes haut sie ab oder versteckt sich – ob unter dem Sofa oder deinem Pulli ist ihr egal, solange du nur da bist. Sie braucht viel Zuspruch und dich als Chef. Du bist das Alpha für ihr Omega und der Burger für ihr Brötchen. Mit feuchter Nase und traurigen Augen weiß sie, wie man sich in die Herzen der Menschen schleicht, und du magst das. Abgesehen vom Nervenkostüm ist diese Hundeseele ein wahres Juwel. Sie braucht nur ein bisschen mehr Liebe, um zu strahlen.

Alpha-Hund

Der Käpt'n
DOMINANT & EXTROVERTIERT

Er. Ist. Der. Boss. Er geht vorneweg und macht keine Gefangenen, ist stark, unbeugsam und unerschütterlich. Was er will, bekommt er – Ende der Diskussion. Der Käpt'n mag schwierig sein, doch sein Ego lässt sich mit sorgsamer Erziehung gut zügeln. Zu Hause ist er gern die Nummer eins und beansprucht den besten Platz vor dem Fernseher und in deinem Bett für sich. Meist gibt er jedoch nach – vor allem durch ein Leckerli oder eine Kuscheleinheit lässt er sich erweichen. Tief in seinem Herzen ist der Käpt'n ein Softie. Aber bloß nicht weitersagen! Auch wenn es sich dabei oft um intelligente Rassen wie Rottweiler oder Deutsche Schäferhunde handelt, so trifft man den Käpt'n doch überall an. Das Innere zählt, und auch die kleinsten Hunde können unter ihrem fluffigen Fell stahlhart und entschlossen sein. Einem Käpt'n lässt du am besten beim Spielen freien Lauf und setzt ihm zu Hause konsequent Grenzen, wenn er versucht, das Kommando zu übernehmen.

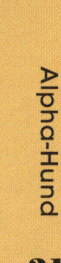

Alpha-Hund

21

Dösen nach Hundeart

Wie schläft dein Hund?

Hunde sind Meister im Dösen, und wer würde nicht gern einmal alle viere von sich strecken? Unsere Hunde haben das Mittagsschläfchen zur Kunstform erhoben: Sie nehmen sich im Schnitt rund 14 Stunden Schlaf pro Tag, manche auch mehr – bei kleinen Rassen wie dem Mops und sehr großen wie dem Mastiff sind es bis zu 18 Stunden.

Dein Hund ist also nicht faul, denn als wichtiger Teil seines Tages fördert Schlaf seine Gesundheit und sein Wohlbefinden. Bei Kurznasen wie Mops oder Bulldogge muss man den Fernseher lauter stellen, um das Schnarchen zu übertönen. Das wird mit dem Alter schlimmer, vor allem bei zu »mopsigen« Hunden.

Manche Hunde wirken vielleicht, als seien sie tief im Land des Träume, doch dringt ihnen der Duft eines Steaks in die Nase oder das Klimpern der Leine ins Ohr, sind sie im Handumdrehen hellwach – während andere selig weiterschlummern. Welche Schlafgewohnheiten dein Hund auch hat, durch sie kannst du mehr darüber erfahren, wie er tickt.

1. Spontane Nickerchen an den verrücktesten Orten: Welches war der sonderbarste Schlafplatz deines Hundes?

A Unter die Kühlschranktür gezwängt; für den Fall, dass sie sich zufällig öffnet und etwas herausfällt.

B Zwischen den Sofakissen, mit dem Hintern in der Luft.

C Den Kopf auf deinem Schoß, deinen Schultern, Füßen ... abgelegt auf allem, was sich vollsabbern lässt.

D Der Länge nach und mit dem Kopf voran in der schmutzigen Wäsche.

2. Wann schläft dein Hund am liebsten?

A Ein Nickerchen in der Nachmittagssonne.

B Opportunistisch immer hier und da fünf Minuten.

C Abends, während der Netflix-Session.

D Den ganzen Tag, wenn das ginge!

3. Du wirst nie genau wissen, wovon dein Hund träumt. Du kennst ihn aber am besten – was denkst du also? Wenn dein Hund im Land der Träume ist, ...

A ... vertilgt er ein saftiges Steak.

B ... läuft und läuft und läuft er.

C ... kuschelt er mit seinem Menschen.

D ... schläft er noch mehr!

4. **In welcher Stellung schläft dein Hund am liebsten?**

A Auf dem Rücken und zeigt alles, was er hat.

B Er hat Gummiknochen, die er verknotet.

C Gemütlich zusammengerollt.

D Ausgestreckt auf dem Bauch.

5. **Manche Hunde bevorzugen den Sternenhimmel, andere die Bettdecke. Wo schläft dein Hund am liebsten?**

A Im Dunstkreis des warmen Backofens mit einem Brathähnchen drin!

B Im Freien im Gras.

C Auf oder in deinem Bett.

D Vor einem prasselnden Kamin.

6. **Ist dein Hund ein Frühaufsteher oder eine Nachteule, die nicht in die Federn kommt?**

A Er ist wach, sobald sein Magen zu knurren beginnt!

B Dieser Zappelphilipp kommt nur schwer runter, also immer lange Nächte.

C Er schläft gern aus ... und früh ein.

D Diese coole Socke ist wach, wenn du es bist, und sie schläft, wenn du schläfst.

7. **Vom Verhalten deines Hundes kannst du auch auf seinen Schlafstil schließen. Ist er entspannt oder hyperaktiv?**

A Er ist einfach gestrickt – solange er Futter und Wasser bekommt, schläft er wie ein Baby.

B Er quillt über vor Übermut und Energie, sodass er nur schwer zur Ruhe kommt.

C Mit genug Liebe ist er ruhig, gelassen und schnell schlafbereit.

D Nichts und niemand kann ihn aus der Ruhe bringen. Er könnte überall schlafen.

8. **Welche lustigen Sachen macht dein Hund, wenn er im Land der Träume ist?**

A Er ist eine regelrechte Pupsmaschine.

B Er flippt rum, rüttelt und schüttelt sich und zuckt wie wild dabei.

C Er sabbert ohne Ende, meist bilden sich Lachen.

D Er sägt den ganzen Wald ab.

9. Schläft dein Hund lieber allein oder auf einem Haufen mit anderen?

A Bei ihm dreht sich alles um Geborgenheit und Wärme – mehr Hundekörper heißt mehr von beidem!

B Kuscheln ist nichts für ihn, er ist lieber für sich.

C Er döst gerne in deinen Armen, aber nicht mit anderen Hunden.

D Er schlummert immer friedlich, ob mit Hunden, Katzen, Kindern oder Spielzeug!

Die
Ergebnisse

Der Genießer

EXTROVERTIERT & ANPASSUNGSFÄHIG

Er weiß, was er braucht und wie er es bekommt. Schlaf und ein voller Bauch stehen ganz oben auf seiner Prioritätenliste. Für ihn gehört beides zusammen. Magenknurren kennt er nicht: zuerst zum Kühlschrank, dann zum Esstisch. Werfen die nichts ab, erweicht er dich mit seinem Hundeblick. Gesättigt schlummert er dann selig ein und träumt von Grillhäppchen und leckerem Käse. Behaglichkeit ist der Schlüssel zu diesem liebenswerten Vierbeiner. Das gibt ihm das Gefühl, sicher und geborgen zu sein und gebraucht zu werden. Mit seinem hervorstechenden Wesen und Bauch sind ihm seine Beziehung zu dir und zum Rest seines Rudels das Wichtigste. Er liebt es, dich mit vielen feuchten Küsschen zu verwöhnen, schließlich bist du sein Lieblingskissen und gibst auch eine gute Matratze ab.

Dösen nach Hundeart

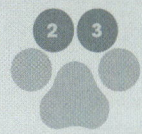
Der Workaholic

AUSGEGLICHEN & EXTROVERTIERT

Schlaf? Was ist das? Dieser Hund hat keine Zeit, schon gar nicht für ein Nickerchen. Er hat eine Mission! Menschen treffen, Dinge tun, Blätter jagen, mit anderen Hunden herumflitzen – das Leben ist ein einziges Abenteuer. Dieses Energiebündel hält dich auf Trab. Langsamer machen? Fehlanzeige. Die Ursache für sein Verhalten ist vermutlich eine Mischung aus Rasse, Jugend und neugierigem Wesen. Er will nichts verpassen! Wenn er stehen bleibt, dann nicht freiwillig, sondern weil er in einer Fünf-Minu-ten-Pause Kräfte sammeln muss. Augen zu und weg ist er. Aber kaum aufgetankt, steht er wieder auf allen vieren und sucht nach Ärger. Biete deinem Hund Spiele, bei denen er etwas ja-gen kann, und viele Gassirunden. Wahrscheinlich ist er ein Jagd-hund oder Terrier, aber egal welche Rasse er ist: Dieser Hund bleibt erst stehen, wenn er kurz vor dem Umfallen ist.

Der Bettgenosse

AUSGEGLICHEN & INTROVERTIERT

Sein Herz ist dort, wo du bist. Du bist seine Schmusedecke und das Einzige, was er für geruhsamen Schlaf braucht. Er mag nicht der Stärkste oder Schnellste sein, doch was ihm an Action fehlt, macht er durch Kuscheln mehr als wett. Er liebt dein Bett nicht nur deshalb so sehr, weil er träge ist, sondern auch, weil es ihm Sicherheit gibt. Im Herzen ist er ein kleiner Hund und muss erst noch auf eigenen Beinen stehen lernen, aber an dich gedrückt ist die Welt in Ordnung. Ein Sofa, weiche Kissen und einige Leckerlis und er ist Wachs in deinen Händen. Wahrscheinlich handelt es sich um eine Begleithunderasse oder zum Beispiel einen Golden Retriever. Er ist leicht zufriedenzustellen, aber mit lustigen Spielen und großem Tamtam kannst du ihn etwas aktivieren. Willst du, dass er sich wie die Nummer Eins fühlt? Ganz einfach: Lass dich auf sein liebevolles Wesen ein und kuschle mit ihm!

Der Nichtstuer

AUSGEGLICHEN & ANPASSUNGSFÄHIG

Ihn bringt nichts aus der Fassung. Er ist der König des Zen, von der Nasenspitze bis zu den sanften Pfoten, die den Boden berühren. »Schnell« findet man in seinem Wortschatz genauso wenig wie »Eile« oder »Stress«. Wenn das Bett ruft, ist er sofort da – das Einzige, was er mit Tempo macht. Er gehört wahrscheinlich zu den größeren Hunderassen und ist mit seinem warmherzigen Wesen der ideale Begleiter, vor allem beim Sonnenbaden. Er schlummert gern, die Nachruhe ist ihm aber nicht so wichtig. Bei seinem entspannten Wesen döst er am liebsten den ganzen Tag, und wenn er größer gewachsen ist, braucht er mehr als der Durchschnittshund. Resigniere also nicht, sondern sei einfach da, wenn er zum Kuscheln kommt. Er fällt um, wo er steht, und schläft, wo er landet. So ist er eben.

Wo ein Wuff ist, ist ein Weg

Wie kommuniziert
dein Hund?

Du musst nicht Dr. Doolittle sein, um mit deinem Hund zu sprechen. Es gibt viele Formen der Hundekommunikation. In der nonverbalen sind Hunde Experten: Sie sprechen jeden Tag auf ihre eigene Weise mit uns – vom Zucken eines Ohrs bis zur Art, wie sie mit dem Hinterteil wackeln. Wir können diese Zeichen sehen und lesen. Je mehr Zeit du mit deinem Hund verbringst und Dinge mit ihm erlebst, desto besser lernst du seine Sprache und erkennst, wann er ängstlich oder aufgeregt ist oder sich unwohl fühlt.

Auch akustisch kann man erkennen, ob dein Hund glücklich ist. Jedes Bellen ist anders und die Visitenkarte eines Hundes. Einige extrovertierte Rassen plaudern sehr gerne. Huskys sind ein Paradebeispiel dafür: Für die Zusammenarbeit im Rudel gezüchtet, nutzen sie ihre Stimme, um sich gegenseitig zu motivieren – es überrascht also nicht, wenn sie dieselbe Taktik bei dir anwenden. Der Yorkshire Terrier macht mit kräftigen Lungen wett, was ihm an Größe fehlt. Er beweist, dass klein nicht immer weinerlich bedeutet.

Ob es nun an der Rasse, den Genen oder der Umwelt liegt: Wie dein Hund mit dir spricht, kann viel über seine Persönlichkeit verraten und über das Bild, das er der Welt von sich vermitteln möchte.

1. Wie sagt dein Hund »Guten Morgen«?

A Ein leises »Wuff« und ein Hauch von Hundeatem im Gesicht.

B Er ist noch vor dem Wecker auf dem Bett und unter der Bettdecke!

C Er schlabbert dir direkt durchs Gesicht.

D Er wirft dich fast um und bellt aufgeregt.

2. Wie begrüßt dein Hund andere Vierbeiner?

A Er stürzt sich auf das Hinterteil und schnuppert kurz.

B Er scheut den Kontakt und schaut sie sich erst einmal in Ruhe an.

C Er schnuppert als Erstes über Nase und Gesicht.

D Er springt bellend auf und ab, als wollte er sagen »Hier bin ich!«

3. Hunde können aus vielen Gründen laut sein. Manche heulen gern den Mond an, andere bellen den Fernseher an. Was bringt deinen Hund zum Bellen?

A Andere Hunde. Er liebt es, in den Chor einzustimmen.

B Sirenen, Feuerwerk, ein lauter Werbespot ... er hasst alles, was laut ist.

C Er ist kein großer Heuler. Es geht ihm mehr darum, sich in Positur zu werfen.

D Der Vollmond. Die leisesten Dinge fahren seine Sinne hoch!

4. Dein Hund ist ein Gewohnheitstier. Wie zeigt er dir, wann es Zeit für ein Leckerli ist?

A Viele schmachtende »Wuffs« und viel Gesabber.

B Ein kurzes »Wuff«, um deine Aufmerksamkeit zu bekommen, dann sieht er den Futternapf an.

C Eine zarte Pfote auf deinem Knie sagt: »Bitte, bitte!«

D Er steht am Leckerli-Schrank und bellt laut, bis du es kapierst.

5. Wenn du glücklich bist, spürt dein Hund das auch. Was tut er, um seine Freude zu teilen?

A Er tobt herum, bellt und gibt den Clown.

B Er reibt sich genüsslich an dir.

C Er überschüttet dich mit Sabber.

D Er tanzt wie eine Hundediva.

6.   Wenn es deinem Hund schlecht geht, ...

A   ... rollt er sich zusammen und wimmert.

B   ... zieht er sich in ein ruhiges Versteck zurück, weit weg von allem.

C   ... will er es dir zeigen, indem er dich sanft anstupst und sich beleckt.

D   ... sagt er: »Ich fühle mich wuff, wuff, wuff«, bis du ihn bemerkst.

7.   Was macht dein Hund, wenn du mit ihm sprichst?

A   Er springt auf deinen Schoß und kuschelt.

B   Er legt den Kopf schief und hört aufmerksam zu.

C   Er drückt seine feuchte Nase an dich und zeigt, dass er dich versteht.

D   Er antwortet ohne Pause mit »Wuff«.

8.   Das Bellen deines Hundes ist so individuell wie er selbst. Es ist seine Visitenkarte. Was für ein Beller ist er?

A   Er ist die Mariah Carey unter den Hunden: echt schrill.

B   Heiter und fröhlich; wenn er bellt, dann mit Stil.

C   Quietschig, weinerlich und klein; ein bisschen so, wie er selbst.

D   Kehlig und ruppig, ist er der lautstarke Rocker unter den Hunden.

9. Hält dein Hund einen Plausch mit jedem dahergelaufenen Streuner oder die Klappe, wenn er Fremde trifft?

A Er ist gewitzt und erstaunt sein Publikum akustisch und mit Hochsprungakrobatik.

B Er weiß, dass Kopfstreicheln und Schnuppern Freunde und Herzen gewinnt.

C Der ruhige Bursche hält gern die Klappe, wenn man nicht sein Kumpel ist.

D Nichts mit sanft und leise bei diesem Schwätzer – er plappert laut mit jedem, der zuhört.

Die
Ergebnisse

Der Clown

EXTROVERTIERT & ANPASSUNGSFÄHIG

Der Clown liebt es, herumzualbern und beherrscht eine Reihe von schrägen Lauten. Er ist recht einfach zu lesen, weil er Töne, Körpersprache und Mimik verbindet. Sein Verhalten ist in der Regel ruhig und freundlich, sodass du weißt, wenn etwas im Gange ist. Bei seinem ausdrucksstarken Gesicht bist du überzeugt, dass er dich anlächelt, allein dadurch, wie sich seine Mundwinkel nach oben ziehen. Dieser freundliche Hund lässt sich nicht so leicht aus der Ruhe bringen, und wenn er bellt und wufft, hat er sich das für die Momente aufgespart, in denen er wirklich etwas zu sagen hat. Mit dem Clown hat man viel Spaß. Er unterhält dich und bringt dich zum Lachen, wenn du niedergeschlagen bist, und macht es dir leicht, ihn zu entschlüsseln. Gemeinsam seid ihr das A-Team, wenn es um Kommunikation geht. Er versteht dich und du ihn – ihr seid das perfekte Paar!

Wo ein Wuff ist, ist ein Weg

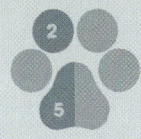

Der Guru

AUSGEGLICHEN & ANPASSUNGSFÄHIG

Dieser Charmebolzen macht auf dich vielleicht den Eindruck einer alten Seele: Er sagt nicht viel, aber was er sagt, hat Gewicht. Seine Körpersprache ist unübertroffen, er liest durch sie Situationen und teilt dir mit, wie er sich fühlt. Du weißt, wenn er seine Aufmerksamkeit auf dich richtet. Diese Hundeaugen ziehen dich in ihren Bann, und mit einem einzigen Blick spürt man, was in seinem Herzen vorgeht. Sanftmütig, weise und immer an deiner Seite, weiß er, was du denkst, bevor du es tust: Du brauchst Zeit, es zu kapieren? Er ist dir schon voraus. Je mehr Zeit du mit ihm verbringst, desto mehr seid ihr eins. Nimm dir einfach Zeit und lass dich von ihm leiten. Er wird dir auf subtile Weise zeigen, was er braucht. Der Guru spricht Bände, ohne den Mund aufzumachen. Durch seine vorsichtige, behutsame Herangehensweise findet er Freunde fürs Leben – zum Beispiel dich.

Das Mauer-blümchen

INTROVERTIERT & ANPASSUNGSFÄHIG

Dieser Hund verrät nicht viel, es sei denn, man weiß, wo man suchen muss. Man muss ihn etwas ermutigen, sich zu öffnen. Er spricht so selten, dass man sich fragen könnte, ob er überhaupt eine Stimme hat. Er schweigt lieber. Hier wird nicht laut nach Futter gerufen. Über viel Liebe und Knuddeln versteht man, was ganz oben auf seiner Liste steht. Von Natur aus schüchtern, zeigt er seine Gefühle lieber durch Taten. Schlabbern und Sabbern zeigen seinen Hunger nach Futter und Liebe, und er gibt sogar die Pfote, um deine Aufmerksamkeit zu bekommen und die Kühlschranktür zu öffnen. Manchmal ist er schwierig zu lesen – man muss beobachten und lernen, wie er in unterschiedlichen Situationen reagiert. Dann wird er es dir mit viel Liebe danken.

Wo ein Wuff ist, ist ein Weg

Die Plaudertasche

AUSGEGLICHEN & EXTROVERTIERT

Sie weiß, dass es unhöflich ist, nicht mitzureden. Sie liebt nichts mehr, als sich auszudrücken, und das auf so viele Arten, wie sie kann. Die sehr stimmgewaltige Nonstop-Musikmaschine blüht in geschäftiger Atmosphäre auf. Sie ist selbstbewusst und aufgedreht, liebt das Leben und möchte die Freude daran teilen. Eine Plaudertasche lässt dich zu keinem Zeitpunkt im Unklaren darüber, wie sie sich fühlt. Sie ist relativ leicht zu lesen und weiß deine Aufmerksamkeit zu erregen. Auch wenn ihr ständiges Geplapper manchmal nervt, du kannst sie über Spiele und geistige Herausforderungen beruhigen. Meist ist sie ein Husky, Terrier oder auch ein kleiner Chihuahua, der gern ein wichtiger Teil der Familie ist. Wenn du ihr viel bietest, wird sie dir aus der Hand fressen, und ruhige Bestimmtheit hilft ihr, leiser zu werden.

Wo ein Wuff ist, ist ein Weg

45

Ein Hunde-
leben

Wie verhält sich dein Hund im Alltag?

Wie jeder Mensch ist auch jeder Hund einzigartig, hat Eigenarten und Charakterzüge, die ihn vom Rest des Rudels abheben. Die Persönlichkeit wird zwar auch von der Rasse beeinflusst, doch in deinem Hund steckt noch sehr viel mehr.

Tägliche Gewohnheiten prägen nachhaltig das Verhalten deines Hundes und formen diese niedlichen, scheinbar grundlosen Marotten.

Das alltägliche Tun deines Hundes und wie er handelt, kann Rückschlüsse darauf zulassen, wie er tickt. Manche lieben die Gewohnheit, andere sehnen sich danach, ihr eigenes Ding zu machen. Wie die Flugbahn von Tennis- oder Wurfbällen verläuft auch das Leben nie gerade. Wie ein Hund mit großen und kleinen Veränderungen im Alltag umgeht, kann helfen, das Rätsel des Hundes zu lösen. Verstehst du die Persönlichkeit deines Hundes, kannst du ihm zu einem tollen Leben verhelfen. Du kannst introvertierten Hunden helfen, sich auf große, stressige Ereignisse vorzubereiten und Trennungstechniken üben, und du kannst lernen, hektischen Hunden zu mehr »Om« zu verhelfen.

1. Wenn er könnte, was würde dein Hund die meiste Zeit seines Tages tun?

A Spielen, spazieren gehen und Zeit mit seinem Lieblingsmenschen verbringen.

B In der Sonne dösen.

C Sich gemütlich in eine Ecke kuscheln.

D Alles jagen, was sich bewegt.

2. Was ist das Seltsamste, das dein Hund gefressen hat?

A Gras, das unbedingt angeknabbert werden will.

B Kuchen, er ist mit großer Begeisterung bei deinen Kaffeekränzchen dabei.

C Manchmal sein eigenes Häufchen – nur, um ein Zeichen zu setzen.

D Sein kulinarischer Höhepunkt sind deine schmutzigen Socken.

3. Wenn unerwartet Besucher kommen, wie werden sie von deinem Hund begrüßt?

A Freundlich: Er liebt es, neue Menschen kennenzulernen.

B Sie stören ihn nicht, solange er sein eigenes Ding machen kann.

C Er wird von einer Sekunde zur anderen vom Kläffer zum Angsthasen.

D Wenn sie interessant sind und spielen wollen, ehrt er sie mit seiner Anwesenheit.

4. **Du musst unerwartet zur Arbeit und bist daher zu einer Zeit weg, in der du normalerweise zu Hause wärst. Wie reagiert dein Hund?**

A Er ist traurig, dass du weggehst, aber wird schon bald etwas aushecken.

B Er mag es, Zeit für sich zu haben.

C Er hält das für eine gute Gelegenheit, die Nachbarn mit seinem Gesangstalent zu beeindrucken.

D Wegen guter Führung gewährt er dir den Ausgang.

5. **Wie würdest du das Verhalten deines Hundes im Alltag beschreiben?**

A Er ist ein munteres, fröhliches, liebes Kerlchen.

B Er ist super gechillt bis in die Schwanzspitze.

C Er schwankt ständig zwischen begeistert und ängstlich.

D Er ist eine unnahbare Diva mit eigener Meinung.

6. **Diesen Tag fürchtet wohl jeder Hund: der Check-up beim Tierarzt. Wie geht dein Hund damit um?**

A Er ist nicht begeistert, aber solange du dabei bist, ist es okay.

B Er nimmt es gelassen und genießt den Tapetenwechsel.

C Er hat einen totalen Zusammenbruch.

D Er ist gereizt und will nicht von anderen Menschen angefasst werden.

7. **Was bringt deinen Hund im Alltag am meisten aus der Fassung?**

A Schrille Sirenen schrecken ihn auf.

B Nichts. Er ruht gelassen und souverän in sich selbst.

C Wenn er dich aus den Augen verliert, ruft er dir unruhig hinterher.

D Er steht nicht auf Menschenmassen.

8. **Du genießt jede Minute mit deinem Hund. Welche Zeit des Tages, die du mit ihm verbringst, ist dir am liebsten?**

A Ihr seid beide begeisterte Gassigänger. Die freie Natur und gemeinsame Zeit – was kann besser sein?

B Nachmittags auf dem Sofa kuscheln.

C Nachts, wenn er sich wie ein Baby zum Schlafen zusammenrollt und dich dabei manchmal als Kopfkissen benutzt.

D Spielzeit ist die beste Zeit. Er kommt runter, und du machst mit.

9. **Es ist Urlaubszeit und du willst verreisen. Was machst du mit deinem Hund?**

A Du nimmst ihn mit. Er erkundet gern und wird viel Spaß haben.

B Du bringst ihn in eine Hundepension. Er macht gern seinen eigenen Urlaub von zu Hause.

C Urlaub? Welcher Urlaub? Du lässt deinen ängstlichen Hund bei niemand anderem.

D Du bezahlst einen Hundesitter und lässt deinen Hund zu Hause. So bleibt er in seiner vertrauten Umgebung und kann die Stellung halten.

Ein Hundeleben

Die Ergebnisse

TYP

A

Der Optimist

AUSGEGLICHEN & ANPASSUNGSFÄHIG

Dieser fröhliche Hund geht immer beschwingt durchs Leben. Er genießt jede einzelne Minute am Tag. Auch wenn er die Routine bevorzugt, ist er neuen Erfahrungen nicht abgeneigt. Das Leben ist zum Leben da, und er ist mit allen Sinnen dabei. Ob Rosenblüten oder Mülleimer, er steckt seine Nase in alles hinein. Immer der Nase nach bedeutet für ihn Abenteuer, aber auch mal Ärger. Er ist jedoch kein ungezogener Hund, und sein angenehmes Wesen macht ihn auch zum idealen Spielgefährten für Kinder. Er gehört höchstwahrscheinlich einer sanftmütigen Rasse wie Beagle, Retriever oder Bassett an. Aber lass dich nicht täuschen: Diese Hunde können sehr lebhaft sein, daher sind regelmäßiger Auslauf und Spiel Pflicht. Er liebt tägliche Spaziergänge, zieh dir also pünktlich deine Jacke an und raus geht's zum Spielen!

Ein Hundeleben

Der Sofawolf

AUSGEGLICHEN & EXTROVERTIERT

Locker und lässig macht er gern sein eigenes Ding. Es ist nicht so, dass er keine Lust auf Spaß oder eine Gassirunde hätte, aber er ist mehr als glücklich mit sich selbst. Er ist der perfekte Kumpel, und er weiß das. Sind anderen Hunden Anreize oder Beruhigung von außen wichtig, nimmt der Sofawolf alles mit Gelassenheit. Ob neue Situationen auskundschaften, Zeit für sich selbst genießen oder ein gutes Nickerchen machen – er liebt die Entspannung. Wer einen Meditationspartner oder Hundekumpel zum Zusammensitzen und Plaudern sucht, für den ist er genau der Richtige. Sehr wahrscheinlich ist er eine sanfte französische Bulldogge oder ein hübscher Bichon Frisé – auf jeden Fall aber kein Arbeitshund. Er ist in jeder Lebenslage gern an deiner Seite, erwarte aber keine wilden Spiele von ihm. Lieber streckt er alle viere von sich, als dass er sich über irgendetwas aufregt.

TYP

C

Das Panikhuhn

INTROVERTIERT & ANPASSUNGSFÄHIG

Der kleine Feger hat es in sich. Mit reger Fantasie und von Natur aus ängstlich hat er seinen ganz eigenen Stil: verrückt! Nur mit viel sanftem Zureden kommt er aus seinem Schneckenhaus heraus. Er bindet sich schnell an seinen Menschen – und das lebenslang. Er wird an deinen Lippen hängen, und im Gegenzug bekommst du einen Komplizen, der kaum von deiner Seite weicht. Dennoch ist es gut, mit klugen Erziehungstechniken für ein wenig Freiraum zu sorgen. Sobald er sich daran gewöhnt hat, dass du gelegentlich nicht da bist, wird er Selbstvertrauen aufbauen und mit weiteren Abweichungen vom Alltag umgehen können. Er mag die Regelmäßigkeit. Auch das Spielen ist wichtig, da es ihm hilft, sich abzureagieren. Fremde oder Spielkameraden sind ihm jedoch suspekt. Er mag hektisch sein, aber er ist pure Liebe, eingepackt in Fell. Wer könnte sich mehr wünschen?

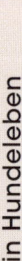

Ein Hundeleben

56

TYP

D

Der Grantler

ANPASSUNGSFÄHIG & UNABHÄNGIG

Er ist launisch, sodass man nie so recht weiß, woran man ist. Gerade noch rennt er wie ein Wilder herum, und jetzt hockt er eingeschnappt in der Ecke. Es ist nicht so, dass er es für dich spannend machen will. Er hat einfach ein weiches Herz in einer rauen Schale. Äußerlich ist er wahrscheinlich imposant mit ausdrucksstarker Mimik. Da er all seine Gedanken und Gefühle auszudrücken versucht, ist er recht lautstark – höre ihm also gut zu. Er beschützt dich und alles, was ihm wichtig ist, mag keine Fremden und keinen Rummel und weiß instinktiv, wenn der Tierarzt ansteht. Zu den typischen Rassen gehören Huskys, Jack Russell Terrier und Akitas. Seine Wildheit ist aber nur Show. Tief drin will er einfach nur sein Ding machen und Zeit mit der Familie genießen. Alles, was ihn daran hindert, verdirbt ihm den Tag.

Poser oder scheues Reh?

Was ist der Stil deines Hundes?

Der Mensch züchtet Hunde seit Tausenden von Jahren. Sie sind mehr als nur der beste Freund des Menschen. Ihre Fähigkeiten und Talente haben unsere Vorfahren für sich genutzt und ihre Begleiter mit Fell auf Größe und Schnelligkeit gezüchtet. Bei manchen Rassen wie dem Rottweiler geht es vor allem um Statur und Präsenz. Einige wurden gezielt zum Bewachen gezüchtet und haben daher von Natur aus einen Schutzinstinkt, wie der Mastiff oder der Deutsche Schäferhund. Andere, wie der geschmeidige, schnelle Greyhound, wurden einzigartige Jagdpartner, was sich in ihrer Neugier zeigt. Im Lauf der Zeit wurde das Zuchtverfahren verfeinert, sodass schließlich über 400 unverwechselbare Varianten entstanden. Hunde gibt es heute in allen Formen und Größen!

Egal, ob du einen Jäger, Poser oder ganzen Kerl suchst, du wirst sicher den passenden Hund finden. Ein Blick auf die Unterschiede lohnt sich daher. Von der Körperform bis zur Fellpflege: Einige Hunde lieben Zuwendung, andere ziehen Natürlichkeit vor. Welchen Stil dein Hund auch hat – wenn du tiefer schaust, wirst du feststellen, dass die Oberfläche viel über das verraten kann, was darunter liegt.

1. **Wie würdest du deinen Hund in wenigen Worten beschreiben?**

A Große, mutige Schönheit.

B Schüchternes, niedliches Schätzchen.

C Wilder, freiheitsliebender Spitzbub.

D Anmutige, selbstbewusste Primaballerina.

2. **Hundegeburtstage kann man auf viele Weisen feiern – von der großen Hundeparty bis zum Spaziergang in der Natur. Was würde deinem Hund gefallen?**

A Mit seinen Hundekumpels auf einem Feld toben.

B Verkleiden und dann ein Fotoshooting.

C Ein langer Spaziergang mit Schlammbad.

D Verwöhnen, Kuscheln und ein Kuchen für ihn.

3. Wie steht es um die Fellpflege deines Hundes?

A Wann immer du kannst, bürstest du ihn kurz.

B Er ist Stammkunde im Hundesalon.

C Ein Erdpeeling und ein Bad im Teich betonen seinen wilden Charme.

D Einmal die Woche Baden und Bürsten – fertig.

4. Man sagt, dass die meisten Menschen ihrem Hund ähneln. Was müsstest du tun, um dich deinem Hund anzupassen?

A Einen alten Mantel überwerfen, damit du draußen Spaß haben kannst!

B Wir sind immer im Partnerlook.

C Das tue ich schon, wenn ich ungekämmt aus dem Bett falle.

D Er ist viel zu stilvoll für menschliche Accessoires.

5. Ein Pekinese mag bei Schlamm die Nase rümpfen und ein Staff sich darin wälzen. Ist dein Hund piekfein oder ein Dreckspatz?

A Wo immer er auftaucht, er hinterlässt Spuren.

B Er ist eine verwöhnte Schönheit.

C Sauerei ist sein zweiter Vorname, wie auch Dreck und Schlamm.

D Ganz einfach: Er ist immer sauber und stilvoll.

6. **Eleganz oder Angeberei sind für manche Hunde normal. Wie zeigt dein Hund, was er draufhat?**

A Er wirft sich tänzelnd in Positur.

B Ob in der Handtasche oder auf dem Schoß – er lässt sich gern auf Händen tragen.

C Er ist ein richtiger Raufbold.

D Er schwebt buchstäblich daher!

7. **Du kuschelst gemütlich mit deinem Vierbeiner – wohlriechender Traum oder müffelnder Albtraum?**

A Er ist ganz Hund, aber das stört dich nicht.

B Schmuck herausgeputzt ist er der Traum eines jeden Parfümeurs.

C Er ist wild und wunderbar und riecht nach Erde.

D Er ist geruchsfrei, schön und taufrisch.

8. **Wenn dein Hund einen Hashtag hätte, es wäre ...**

A #WunderWedler

B #DoggyDiva

C #WolfsSeele

D #KynoQueen

9. Was hält dein Hund von Regen?

A Das ist schon okay, nur duschen mag er nicht.

B Er kriegt die Krise. Wer will schon nass werden und müffeln?

C Er liebt, liebt, liebt Regen!

D Er trägt es mit Fassung.

Poser oder scheues Reh?

Die
Ergebnisse

Der Showman

AUSGEGLICHEN & EXTROVERTIERT

Dieser tolle Kerl weiß, wie man ein Zeichen setzt, ohne etwas dafür zu tun. Er muss sich nicht anstrengen: Es steckt in seinem Hundeblick und der Rute, die nicht aufhören will zu wedeln. Sein Enthusiasmus ist ansteckend und zieht dich und alle anderen in seinen Bann. Nicht, dass er die Kontrolle haben möchte – er ist völlig zufrieden damit, sein Hundeding zu machen. Und wenn du da mitmachen willst, ist das okay für ihn. Sein Äußeres ist ihm nicht so wichtig wie seine Gefühle. Der Showman ist höchstwahrscheinlich ein Sport- oder Jagdhund oder ein kleinerer Hund mit großen Ideen, der nicht auf Plattitüden reagiert. Nimm es ihm nicht krumm, mach mit und hab Spaß! Statt ihn herausputzen oder gar sauber halten zu wollen, sei einfach bereit, zu rennen, zu rennen und zu rennen. Er wird es lieben, dich neben sich zu haben, und du wirst schnell sehen, dass Bewegung und viel Trubel ihn erst richtig strahlen lassen!

Poser oder scheues Reh?

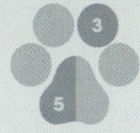

Der Poser

EXTROVERTIERT & ANPASSUNGSFÄHIG

Er ist der Inbegriff einer Diva und weiß, dass sich alles um ihn dreht. Zu Recht! Ob er nun dekorativ auf seinem Plüschsessel sitzt oder sich in seine Designertasche schmiegt – er macht alles mit Stil. Das Leben ist zu kurz, um nicht schön zu sein. Er genießt es, dass du dir Zeit nimmst, um sich um sein Aussehen zu kümmern. Andere Hunde haben auch ihre Stärken, er aber weiß: Es kommt vor allem auf die Haltung an. Er ist vermutlich eine Zwergrasse, sehr klein und manchmal etwas weinerlich. Lotse ihn mit Spielen, die ihn neugierig machen, aus seiner Handtasche heraus. Verstecke ein Leckerli in einem Spielzeug und locke so seinen inneren Jäger hervor. Für so wenig Hund hat er viele Ansprüche und noch mehr Charakter, warum sich also mit dem Zweitbesten zufriedengeben? Das gilt auch für dich. Für ihn bist du die Krönung, was menschliche Gesellschaft angeht.

Der Wildfang

DOMINANT & AUSGEGLICHEN

Frei, wild und wunderbar – so ist er. Mit seiner Vorliebe für die Natur kennt der Wildfang den Ruf der Freiheit und könnte sich mit seinem Verstand und Hippie-Charme wahrscheinlich auch ganz alleine durchschlagen. Schönheit ist für ihn nur ein Wort, und du wirst schnell erkennen, dass auch das Raue seine Reize hat. Es hat etwas Verführerisches, sich nicht um sein Aussehen zu scheren! Wenn du dich einer Herausforderung stellen willst, wird er sicher mitziehen, doch einfach wird das nicht. Mit ihm heulst du mit den Wölfen. Gewöhne ihn langsam an das Training und sorge dafür, dass er nicht durch Spielzeug abgelenkt wird. Ihn kannst du vielleicht bändigen, nicht aber sein Fell. Das bleibt auf jeden Fall wild und wuschelig!

Poser oder scheues Reh?

Die klassische Eleganz

AUSGEGLICHEN & UNABHÄNGIG

Dieser Hund hat die Anmut eines Tänzers. Er schwebt in den Raum und zieht alle Aufmerksamkeit auf sich – ohne wildes Gebell. Seine Körpersprache und der kompromisslose Blick verraten seine Härte. Auf den ersten Blick könnte man ihn für scheu halten, aber lass dich nicht täuschen. Er drängt sich vielleicht nicht lautstark vor, ist aber immer jemand, mit dem man rechnen muss. Als stille Macht kann er sich zäh und elegant behaupten. Er lässt sich gut ausbilden und möchte gefordert werden, damit sein schlanker Körper und scharfer Verstand fit bleiben. Wahrscheinlich ist er feingliedrig und muskulös, zum Beispiel ein italienisches Windspiel oder Saluki. Wenn du dich richtig um ihn kümmerst, wird er mit dir durch den Tag tanzen.

Poser oder scheues Reh?

Schlaue Hunde und Erziehung

Wie gelehrig ist dein Hund?

Durch Erziehung lässt sich besonders gut eine Bindung zum Hund aufbauen. In dieser gemeinsamen Zeit lernt ihr euch gegenseitig genau kennen und auch, wie der andere kommuniziert. Ihr werdet auch erkennen, wer das Sagen hat – oder glaubt, es zu haben. Erziehung fordert deinen Hund auf vielen Ebenen. Er lernt, wie er in verschiedenen Situationen reagieren kann, und gewöhnt sich auch an deinen Tonfall.

Die Hunderassen sind unterschiedlich intelligent, und manche lassen sich besser ausbilden als andere. Arbeitshunde wie Border Collies, die eine Aufgabe haben, blühen beim Training geradezu auf. Jagdhunde hingegen folgen meist lieber ihrer Nase als einem Kommando: Durch ihr neugieriges Wesen sind sie aufgeweckt, erschnüffeln sich ihren Spaß aber lieber selbst. Diese Hunde müssen wissen, dass sich die Mühe lohnt, daher ist eine Leckerlitasche Pflicht. Es gibt Hunde, die können, wollen sich aber nicht gern sagen lassen, was sie tun sollen, und Hunde, die nicht wollen und etwas Motivation brauchen.

Erziehung kann deinen Hund zum Glänzen bringen und für eine ausgeglichene Beziehung sorgen. Daraus, wie dein Hund auf die Übungseinheiten reagiert, kannst du lernen, wie du auf seine Stärken eingehst und das Beste aus ihm herausholst.

1. Ganz ehrlich: Genießt dein Hund die Übungseinheiten mit dir?

A Ihr zwei steht so gut im Einklang, dass es eure Bindung stärkt.

B Du musst ihn erst einmal einfangen. Wenn es nicht nach seinem Willen geht, haut er ab.

C Ganz aufgeregt genießt er den Spaß, auch wenn nicht immer alles nach Plan läuft.

D Mit einem Wort: nein. Erziehung ist nicht seins!

2. Du stellst deine Hundeflüsterfähigkeiten unter Beweis. Du sagst »Sitz« und dein Hund ...

A ... lässt prompt den Popo fallen.

B ... springt an dir hoch und wirft dich fast um.

C ... setzt sich nach dem dritten Versuch, wenn du das Hinterteil herunterdrückst.

D ... sieht dich an, als hättest du ihn gebeten, den Mount Everest zu besteigen.

3. Ist dein Hund ein Meister der Kunststücke oder kann er sich nur auf den Bauch werfen?

A Ein Fingerzeig und er zieht sein volles Repertoire ab.

B Er kann sich meisterhaft aus der Leine winden.

C Er kann sich umdrehen, wenn man ihn am Bauch kitzelt.

D Er hat den Ich-bin-nicht-erfreut-Blick perfektioniert.

4. Du machst einen gemütlichen Spaziergang, und dein Hund knurrt jemanden an. Was passiert dann?

A Du sagst ihm, er soll aufhören, und er gehorcht natürlich!

B Er zeigt die Zähne, und du musst ihn körperlich zurückhalten.

C Wenn man ihn streichelt, beruhigt er sich.

D Er hört irgendwann mit dem Knurren auf und geht missmutig weiter.

5. Dein Hund möchte deine Hausschuhe jagen, du willst sie anziehen. Wer gewinnt?

A Ihr balgt euch darum, aber du setzt dich durch.

B Du kannst gleich ein neues Paar kaufen, denn dieses siehst du nie wieder!

C Hier gibt es keine Gewinner oder Verlierer – es geht hin und her, bis einer von uns aufgibt!

D Er gewinnt – und frisst sie.

6. Du willst deine Fitness verbessern und ein Zirkeltraining im Garten machen. Was macht dein Hund?

A Er macht mit. Ein Workout mit dir, yeah!

B Er interessiert sich nur dafür, den Garten umzugraben.

C Er rennt nebenher und bellt dich ermutigend an.

D Es ist Zeit für ein Nickerchen, findet er.

7. Wenn du den Namen deines Hundes rufst, ...

A ... steht er bereits neben dir, kein Rufen nötig.

B ... rennt er in die entgegengesetzte Richtung davon.

C ... dreht er durch und hüpft vor Freude auf und ab, deine Stimme zu hören.

D ... wirft er dir diesen Ja-und-Blick zu.

8. Du gehst mit deinem angeleinten Hund spazieren. Du willst in die eine Richtung gehen, dein Hund in eine andere. Wer gewinnt?

A Du. Ein bisschen sanfte Ermutigung und er folgt dir überall hin.

B Er ist bereits in der entgegengesetzten Richtung unterwegs!

C Die Diskussion mit deinem wedelnden, wuffenden Hund ist lebhaft, aber du gewinnst.

D Er macht einen Sitzprotest und lässt sich nicht bewegen, es sei denn, du trägst ihn.

9. **Zur Erziehung gehören Ermutigen, Wiederholen und Belohnen. Doch was bei dem einen Hund funktioniert, funktioniert nicht immer bei dem anderen. Welche Trainingsform mag dein Hund am liebsten?**

A Jede. Er liebt es zu lernen, und solange es Action gibt, ist er bereit!

B Die einzig wahre Methode ist »wenig und oft«, denn er ist kein Fan des Übens.

C Mit Leckerlis geht alles, sie beflügeln ihn.

D Er ist nur dann zum Training bereit, wenn du nach seiner Pfeife tanzt!

Die Ergebnisse

Der Olympionike

DOMINANT & AUSGEGLICHEN

Er ist blitzgescheit und flink unterwegs. Zum Rundumpaket gehören noch die feuchte Nase und die Dauerwedelautomatik. Er wird dich nicht hängen lassen, denn er sucht genau wie du die Herausforderung. Sein Gehirn braucht Anreize, seine Beine Bewegung – das ist ganz einfach und wird diese Fellnase immer begeistern. Er ist niemand, der irgendwo Wurzeln schlägt, und ist weg, noch bevor du den Startpfiff gegeben hast. Finde heraus, wie ihr gemeinsam Spaß habt, ob bei Apportierspielen am Hang, wo er für die Belohnung etwas tun muss, oder beim Erkunden neuer, spannender Gassirouten. Du weißt, er hat genug, wenn er kommt und gestreichelt werden möchte. Wahrscheinlich ist er ein Arbeits- oder Jagdhund, der mitdenkt und in deinen Augen immer eine Goldmedaille verdient hat.

Der Rebell

EXTROVERTIERT & UNABHÄNGIG

Ausbildung? Was ist das denn? Es ist nicht so, dass er faul wäre. Weit gefehlt! Er ist superschlau und kann es kaum abwarten … das genaue Gegenteil zu tun. Vergiss Gehorsam. Es klappt nur, wenn du tust, was er will. Man könnte ihn für ungezogen halten, doch was ihn in die Bredouille bringt, ist seine Freiheitsliebe. Mit Köpfchen kommt er gut durchs Leben. Einige Erziehungsmethoden aber, die seine Sprunghaftigkeit zügeln, würden euch beiden helfen. Versuche es mit ruhigen, bestimmten Kommandos sowie viel Loben und seinen Lieblingsleckerlis. Wie alle Hunde liebt der Rebell die Aufmerksamkeit fast genauso wie den Schabernack. Erziehe ihn also mit Herzlichkeit und seine sanfte Seite wird sich zeigen. Es mag einen Schritt vor und zwei Schritte zurückgehen, doch ihr werdet beide durch die Erziehung gewinnen.

Schlaue Hunde und Erziehung

Der Narr

AUSGEGLICHEN & ANPASSUNGSFÄHIG

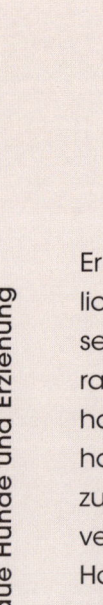

Er ist vielleicht nicht der Klassenprimus, aber was ihm an sportlichem Talent fehlt, macht er mit Raffinesse wett. Niedlich und sehr lustig – am Ende einer Trainingseinheit mit diesem Hund raufst du dir eventuell die Haare, wirst aber auch viel gelacht haben. Er gibt sein Bestes, doch er verliert bei zu vielen Wiederholungen schnell das Interesse. Dennoch lohnt es sich durchzuhalten, denn hat er einmal etwas gelernt, wird er es nie mehr vergessen. Der Narr möchte dich bei Laune halten, das ist seine Hauptmotivation im Leben. Doch wehe, er findet etwas Interessanteres! Das Grillfest nebenan oder die Katze von gegenüber haben immer Vorrang vor dem »bei Fuß«.

Der Meuterer

DOMINANT & UNABHÄNGIG

Wenn du einen Hund suchst, der schon beim Gedanken an Sport streikt, ist er genau der richtige. Für ihn gibt es kein Spiel. Er sitzt an der Seitenlinie und knurrt. Das heißt nicht, dass er aggressiv ist – aber ins Schwitzen zu kommen, ist für ihn so reizvoll wie Krallenschneiden. Mit seiner ausdrucksstarken Mimik lässt er dich seinen Unmut wissen, und falls das nicht reicht, mach dich auf die nächste Eskalationsstufe gefasst: einen Sitzstreik, mit dem Hintern am Boden festgeklebt. Vielleicht flüchtet er aber auch anderswohin. Wenn du sein meuterisches Verhalten eindämmen willst, hast du einiges vor dir. Sich aufregen, die Niedlichkeitskarte ziehen – er wird alles versuchen. Begegne seinen Psychospielchen mit Aktivitäten, die ihm zu denken geben. Fesseln werden ihn Rätselspiele, auch ein einfaches Versteckspiel bringt ihn auf Trab!

Rock 'n' Ball

Wie spielt dein Hund am liebsten?

Alle Hunde brauchen Bewegung und Zeit zum Spielen. Großen Einfluss darauf, wie viel und welche Aktivität nötig ist, hat jedoch die Rasse. Der langbeinige Vizsla ist beispielsweise ein Muskelpaket, das lange Wanderungen liebt. Ein kurzbeinigerer Hund dagegen hat vielleicht Probleme im unwegsamen Gelände. Stehst du auf Geschwindigkeit, dann sind Greyhounds mit ihren langen, grazilen Beinen die richtige Wahl. Sie können über 70 km/h erreichen, sind aber mit einem Sprint am Tag glücklich.

Das Spielverhalten des Hundes wirkt sich auch auf seine Gesundheit und sein Wohlbefinden aus, da er so Bewegung in seinen Tagesablauf einbaut. Ob unabhängig mit viel Eigeninitiative oder Faulpelz, der die Party lieber zu sich kommen lässt – jeder Hund hat seine eigene Art, Dinge zu tun. Ein frecher Hund klaut dir vielleicht etwas, um eine Verfolgungsjagd zu beginnen, und ein ängstlicher Hund hält sich zurück oder sogar versteckt. Dein Hund ist nicht nur dadurch einzigartig, wie viel er sich bewegt, sondern das Spielen offenbart auch einen weiteren Aspekt seiner Persönlichkeit – was er gern tut und wie er sich dabei fühlt. Wenn du Einblick in das Innere deines Hundes bekommen möchtest, schau dir an, wie er spielt, und finde heraus, was ihn freudig hüpfen lässt.

1. **Was macht dein Hund unangeleint auf einer Wiese?**

A Er meint, so schnell es geht ans andere Ende kommen zu müssen, und gibt Vollgas.

B Er schaut sich gern alles an, rennt etwas umher und hat schnell keine Lust mehr.

C Er sucht nach etwas zum Jagen!

D Er schlendert Seite an Seite mit dir weiter.

2. **Was ist das Lieblingsspiel deiner Fellnase?**

A Frisbees oder Bälle fangen.

B Die Wurst vom Grill mopsen.

C Eichhörnchen jagen.

D Hausschuhe klauen und verstecken.

3. Nach der üblichen Gassirunde willst du eine neue, längere, hügelige Route nach Hause nehmen. Was sagt dein Hund zu dieser Idee?

A Er ist in seinem Element und geht es wie einen Hindernisparcours an.

B Am Anfang noch begeistert, hat er bald die Nase voll.

C All die neuen Geräusche und Gerüche lenken ihn ab.

D Er ist nicht beeindruckt und legt immer wieder Pausen ein.

4. Wie einfallsreich ist dein Hund, wenn er sich selbst beschäftigt?

A Von der Wäscheleine bis zur Fernbedienung ist alles Freiwild.

B Für jedes ausrangierte Spielzeug findet er eine andere Verwendung.

C Insekten aufgepasst: Was sich bewegt, wird sofort gefangen!

D Er findet, der Spaß sollte zu ihm kommen.

5. Was macht dein Hund, wenn im Rudel um die Wette gerannt wird?

A Er ist der Chef und immer vorneweg.

B Er kann mithalten, trödelt aber lieber dem Rudel hinterher.

C Es macht ihm Spaß, die anderen zu jagen.

D Er rennt nicht und schaut lieber aus sicherer Entfernung zu.

6. Wie reagiert dein Hund, wenn er einen neuen Plüschknochen bekommt?

A Er spielt den ganzen Tag damit.

B Natürlich will er ihn fressen!

C Es bewegt sich nicht? Uninteressant.

D Er hält Abstand zu dem fremden Ding.

7. Lässt dein Hund Fremde mitspielen?

A Spielen heißt für ihn Freilauf. Dazu braucht er niemanden!

B Ja, wenn mehr Menschen mehr Leckerlis bedeuten.

C Hauptsache, sie sind bereit für eine Partie Fangen.

D Auf keinen Fall, er ist ein Ein-Mann-Hund.

8. Dein Hund döst in der Sonne, als ein Schmetterling auf seiner Nase landet. Was passiert als Nächstes?

A Ein actionreiches Versteckspiel.

B Snack zum Mitnehmen gefällig?

C Eine wilde Verfolgungsjagd zwischen Hund und Schmetterling.

D Er versteckt sich vor dem geflügelten Attentäter.

9. Du hast eine Packung Hundekekse in der Küche liegen lassen. Was macht dein Hund?

A Er nimmt Anlauf und schnappt sich die Packung.

B Er springt so lange hoch, bis er die Packung herunterschubst.

C Nichts. Der Snack bewegt sich nicht. Langweilig!

D Er sitzt da und fiept, bis du deinen Fehler bemerkst und ihm einen Keks gibst.

Die Ergebnisse

Der Sprinter

DOMINANT & AUSGEGLICHEN

Auf die Plätze, fertig, los! Das ist das Mantra des Sprinters – nicht, dass er eine Einladung dazu bräuchte. Wenn sein Motor einmal läuft, geht der Blick nur noch nach vorn. Der schlanke, schicke und temperamentvolle Athlet hat Gold im Sinn. Lange Distanzen machen ihm nichts aus, er genießt vielmehr die Herausforderung. Am ehesten handelt es sich um sportliche Rassen wie Setter oder Spaniel. Sein großes Laufbedürfnis gehört zu seiner Veranlagung. Wenn du selbst läufst, gibt er einen hervorragender Trainer ab, der dich anspornt, wenn es hart wird. Er ist also kein Faulpelz, Ausruhen ist aber wichtig und Spielen ebenso. Belohne ihn mit seinen Lieblingsleckerlis, wenn er Ruhe hält, damit er lernt, dass Ruhezeiten gut sind. Er braucht viel Aufmerksamkeit, um sein volles Können zu entfalten, wird aber dafür mit gutem Beispiel vorangehen und dein Hundepotenzial zum Vorschein bringen!

Der Liebling

AUSGEGLICHEN & ANPASSUNGSFÄHIG

Dieser fröhliche Hund ist vielleicht nicht der sportlichste, aber mit der richtigen Aufmunterung wird er es versuchen. Futter ist seine Hauptmotivation. Sind seine Lieblingsleckerlis im Spiel, kann es also losgehen. Er wird wohl nicht gewinnen, aber solange er in deinem Herzen den ersten Platz einnimmt, ist er glücklich. Der Wunsch zu gefallen und die Aussicht auf einen saftigen Knochen bringen ihn auf Trab. Er lässt sich auch anders motivieren: Leckere Kekse sind ebenfalls nicht zu verachten. Verlagere dich auf Spiele zu zweit – nur er und du – und bleibe für seine schlanke Linie bei kalorienarmem Leckerlis. Er wird dich nie an der Startlinie im Stich lassen, dich mit seinen verspielten Streichen aber zum Lachen bringen. Dieser Typ ist sowohl bei Arbeits- über Hüte- bis zu Zwerghunden vertreten. Lieblinge finden sich überall!

C

Der Jäger
EXTROVERTIERT & UNABHÄNGIG

Dieser Hund hat nur Beute im Sinn. Er ist wach und bereit, seinen Willen bei dir durchzusetzen. Er liebt die Jagd: das Objekt seiner Begierde zu erspähen und blitzschnell loszurennen. Das heißt nicht, dass er aggressiv ist. Der Jäger liebt den Nervenkitzel der Jagd, aber nicht das Rennen. Er wird sich die Zeit nehmen und seine Pläne ändern, wenn sich etwas Interessanteres ergibt. Sein fein abgestimmtes Sinnesradar bringt ihn, zusammen mit seiner Wendigkeit und oft einem kurzen Spurt, immer ans Ziel. Sein Drang, erfolgreich Beute zu machen, treibt ihn an. Vermutlich handelt es sich um eine Jagdhunderasse wie einen Afghanen, aber auch viele Mischlinge und kleinere Hunde, sogar Dackel, haben diesen Instinkt. Du hältst ihn mit temporeicher Abwechslung, Umgebungswechseln und Spielzeugen bei Laune.

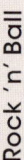

Rock 'n' Ball

Der Beobachter

INTROVERTIERT & ANPASSUNGSFÄHIG

Er ist vorsichtig und hält gern Abstand. Während andere den Spaß und das Toben lieben, mag er es friedlich. Er steht an der Ziellinie und feuert an, wird aber selbst nicht mitmachen. Das übersteigt seine Gage, und er ist sowieso nicht für den Sport geschaffen. Die Welt macht ihm manchmal Angst. Solange er mit etwas nicht vertraut ist, ist er unschlüssig und hat keine Lust. Ermutige ihn sanft mitzumachen, und belohne ihn, wenn er sich bemüht zu spielen. Sobald er mit etwas oder jemandem vertraut ist, wirst du eine andere Seite von ihm kennenlernen: Kein Wegrennen und Verstecken, er schnuppert und bleibt da. Vielleicht legt er sogar einen Gang zu und zeigt etwas Interesse, wird aber nicht herumspringen. Das Leben ist für ihn kein Wettlauf auf vier Beinen, sondern will in gemächlichem Tempo genossen werden.

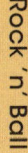

Rock 'n' Ball

Hunde-Super-power

Wie verhält sich dein Hund dir gegenüber?

Hunde sind die Empathen unter den Tieren. Sie nehmen unsere Emotionen wahr und spüren, wenn wir krank sind. Unsere schlauen Vierbeiner sammeln diese Informationen durch Körpersprache, Mimik und ihren ausgeprägten Geruchssinn. Die sensible Nase deines Hundes erschnuppert feinste Geruchsveränderungen durch Hormone und Krankheiten, und er kann so erkennen, ob du dich schlecht fühlst oder Schmerzen hast. Das trägt viel zur besonderen Bindung bei, die du zu deiner Fellnase hast. Im Hundehirn geht aber noch mehr vor sich!

Es ist der natürliche Instinkt eines Hundes, seinem Menschen zu gefallen und mit ihm eine Bindung aufzubauen. In Verbindung mit anderen Trieben bei bestimmten Rassen – wie dem häufig beim Dobermann oder Deutschen Schäferhund vorhandenen Schutz- oder Wachtrieb – bedeutet dies, dass sie sich besonders bemühen, dich zu verstehen und sich auf dich einzulassen. Hunde spiegeln gern ihren Menschen. Sie können Gefahren riechen und wissen instinktiv, wann du eine helfende Pfote brauchst. Kein Wunder, dass sie der beste Freund des Menschen sind! Durch die enge Verbindung fühlen sie sich wohl, sodass sie leichter ihr wahres Wesen offenbaren und zeigen, was wirklich hinter ihrem Hundeblick steckt. Schau dir an, wie er sich dir gegenüber verhält – so erfährst du mehr über das Wesen deines Hundes und wie du seine Großherzigkeit erwidern kannst.

1. Du bist angeschlagen. Wie reagiert dein Hund?

A Dein Schmerz ist sein Schmerz, und er tröstet dich leise.

B Er kaspert herum und will dich aufheitern.

C Er hat sich neben dir zusammengerollt.

D Er ist behutsam und hält Abstand.

2. Du bist nach einem langen Arbeitstag endlich zu Hause. Was macht dein Hund als Erstes, wenn du durch die Tür kommst?

A Er steht bereits am Fenster und wartet auf dich.

B Er umkreist seinen Futternapf, um dich daran zu erinnern, dass Futterzeit ist.

C An der Tür springt er dich an und wirft dich fast um.

D Er bellt und wedelt, als wolle er sagen: »Endlich bist du wieder da!«

3. **Hunde kommunizieren vielseitig. Woher weißt du, wann dein Hund »Ich liebe dich« sagt?**

A Er wirft dir einen langen, liebevollen Blick zu.

B Er springt hoch und reibt seine Schnauze an dir.

C Er leckt dir eifrig durchs Gesicht.

D Er drückt sich an dich, sodass du seine Anwesenheit spüren kannst.

4. **Man sagt, dass Hundemenschen ihrem Hund oft ähneln. Wie ähnlich seid ihr euch?**

A Wir sind aus dem gleichen Holz geschnitzt und verstehen uns blind.

B Wir tun vielleicht nicht immer das gleiche, aber wir verstehen uns.

C Ich habe das Kommando und er folgt mir.

D Wir ergänzen uns und passen aufeinander auf.

5. **Jemand klopft an die Tür, und du erschrickst. Wie reagiert dein Hund?**

A Er bleibt ruhig an deiner Seite.

B Er springt hoch und bellt.

C Er fiept und winselt.

D In bester Wachhundmanier fletscht er die Zähne und bellt aggressiv.

Hunde-Superpower

6. Du hattest einen anstrengenden Tag und bist immer noch aufgedreht. Was macht dein Hund?

A Er setzt sich neben dich auf das Sofa, damit du ihn streicheln kannst.

B Er bringt dir seine Leine. Ein Spaziergang wird euch beiden guttun!

C Er wirft sich auf den Rücken, sodass du entspannt seinen Bauch kraulen kannst.

D Er rollt sich in der Nähe zusammen und hat ein Auge auf dich.

7. Du triffst Freunde im Park. Wie reagiert dein Hund, wenn du schließlich weiterschlenderst?

A Kein großes Ding, er trottet einfach hinter dir her.

B Er nutzt die Gelegenheit, selbst herumzulaufen.

C Er mutiert zum Kläffmonster und macht Krawall.

D Ehe man sich versieht, ist er bei dir und meldet sich.

8. Ein Fremder stößt mit dir auf der Straße zusammen und schubst dich zur Seite. Was macht dein Hund?

A Er klebt dir am Bein und gibt ein leises Knurren von sich.

B Er bellt laut.

C Er gerät in Panik und winselt.

D Er stellt sich vor dich und fletscht die Zähne.

9. **Es gibt fantastische Neuigkeiten, und du bist ganz aufgeregt. Wie reagiert dein Hund?**

A Er spürt deine Freude und wedelt wie wild.

B Er nutzt deine Gemütslage und bringt dir sein Lieblingsspielzeug.

C Er nimmt die Stimmung auf, aber sie verunsichert ihn auch.

D Er gibt sein bestes »Beruhigungsbellen«.

Die Ergebnisse

Der Seelenhund

AUSGEGLICHEN & ANPASSUNGSFÄHIG

Er ist sensibel, süß und scheint zu wissen, was du denkst, bevor du es tust. Du bist sein Augapfel, also macht er es sich zur Aufgabe, alles über dich zu wissen. Er ist auf deinen Geruch eingestellt und verfügt über eine unübertroffene Beobachtungsgabe. Wo immer du bist, vergewissert er sich, dass es dir gut geht, ohne zu helikoptern oder sich an dich zu klammern. Worte sind nicht nötig! Die Körpersprache sagt alles, ihr spiegelt euch vollkommen. Egal, ob du Abstand brauchst, eine Schulter zum Ausheulen oder einfach eine rechte Hand, die hinter dir steht, wenn es hart auf hart kommt – auf ihn kannst zu zählen. So eine Beziehung gibt es meist nur einmal im Leben. Pflege sie daher gut und schafft gemeinsam viele schöne Erinnerungen.

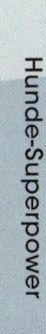

Der pelzige Onkel

AUSGEGLICHEN & EXTROVERTIERT

Wenn du niedergeschlagen bist, wird er dich aufmuntern. Er scheint zu wissen, was das Beste für dich ist und hat das Talent, seine Weisheit so einzusetzen, dass er dich zum Lächeln bringt. Heute etwas träge? Er wird dich für einen flotten Spaziergang vor die Tür schubsen. Schließlich »weiß« er, dass das, was für dich gut ist, auch gut für ihn ist. Er kann die Veränderungen in deinem Körper riechen und hat genug Energie für euch beide. Wenn du jemanden zum Anfeuern suchst, ist er genau der Richtige. Er steht am Spielfeldrand und jubelt dir zu, wenn du ins Ziel kommst. Er ist gern laut, doch seine Begeisterung ist ansteckend – und manchmal genau das, was du zur Aufmunterung brauchst. Auch wenn er dich vielleicht nicht immer versteht, er hat dein Bestes im Sinn: Seine Mission ist, dass du gut drauf bist.

Hunde-Superpower

Das Engelchen

INTROVERTIERT & ANPASSUNGSFÄHIG

Dieser süße Kerl bringt dein Herz zum Schmelzen. Er orientiert sich in allem an dir. Wenn es dir gut geht, geht es ihm auch gut, und wenn du ins Schwimmen gerätst, bricht er zusammen. Wie die meisten Hunde ist er empathisch und weiß genau, was du fühlst. Er spürt die Gefahr, doch statt in den Schutzmodus versetzt es ihn in Angst. Dein Leid macht er zu seinem, bis er völlig durch den Wind ist. Er braucht Bestätigung und kann bereits unter Trennungsangst leiden, wenn du nur den Raum verlässt. Üben und unterstützen sind der Schlüssel zu seinem Vertrauen. Schaffe ihm einen eigenen Bereich mit seinem Körbchen und Lieblingssachen und animiere ihn täglich, dort einige Zeit ohne dich zu verbringen. Er wird nie selbstbewusst sein, aber er wird lernen, dass es nicht so schlimm ist, wenn du nicht direkt an seiner Seite bist. Davon abgesehen weiß er, wie man schlabbernd kuschelt, und es gibt nichts, was du lieber magst als eine wuffelige Schmusestunde.

Hunde-Superpower

Der Leibwächter

DOMINANT & UNABHÄNGIG

Er nimmt seine Rolle im Leben sehr ernst. Er hat es sich zur Aufgabe gemacht, dich um jeden Preis zu beschützen, und im Gegenzug bist du sein bester Freund. Für ihn ist das ein Geschenk des Himmels. Er ist ein scharfer Beobachter, nimmt subtile Stimmungsschwankungen wahr und ist immer wachsam. Loyal und liebevoll, schreckt er vor keiner Herausforderung zurück und wird dich mit aller Kraft beschützen. Dass er nicht so emotional ist wie andere, bedeutet nicht, dass er gleichgültig ist. Er zeigt es auf andere Weise. Seine unerschütterliche Präsenz ist alles, was du brauchst, und es geht dir sofort besser. Er ist athletisch gebaut und vermutlich als Wachhund gezüchtet, er ist aber auch dein Hundekumpel. Viel Liebe und gemeinsame Unternehmungen zeigen ihm schnell, dass aufeinander achtzugeben keine Einbahnstraße ist.

Der Hund von Welt

Wie abenteuerlustig ist dein Hund?

Hunde sind Macher. Sie lieben es, unterwegs zu sein, Unfug zu erschnüffeln und sich mit ihren scharfen Sinnen in die Welt da draußen zu stürzen. Mit ihrer Nase, die zum dreidimensionalen Riechen jedes Nasenloch einzeln einsetzt, und ihrem Hörbereich, der den des Menschen weit übertrifft, wundert es nicht, dass sie neue Abenteuer suchen! Egal, ob sie nur im Garten tollen oder leidenschaftlich gern in den Park gehen – die meisten Hunde lieben die freie Natur, auch wenn es immer Ausnahmen gibt. Je nachdem, welche Erfahrungen sie draußen gemacht haben, haben manche Angst vor ihrer Umgebung. Bei einem Hund aus dem Tierschutz verwundert es nicht, dass er, sobald er sein Zuhause gefunden hat, es nicht mehr verlassen möchte. Aber auch so ein Hund kann lernen, dass die Welt da draußen Spaß macht, solange du bei ihm bist.

Vertrauen ist hierbei das A und O. Der vorsichtige Hund braucht Sicherheit, die neugierige Nase dagegen rennt los, sobald du die Leine loslässt. Auch beim Autofahren gibt es durchaus Hunde, die es lieben, während andere so ein Höllenmobil nicht betreten wollen. Wo auch immer dein Hund auf der Abenteuerskala eincheckt: Sein Verhalten unterwegs zeigt, wie spontan und kontaktfreudig er sein kann, und auch, wie wohl er sich in einer sich ständig verändernden Umgebung fühlt.

1. Du hast einen Spaziergang mit deinem Hund gemacht und bist fast wieder zu Hause. Was macht dein Hund?

A   Er sucht etwas, das er beschnuppern oder jagen kann – irgendetwas, das sein Abenteuer draußen verlängert.

B   Er bellt freudig und drückt sich an dich.

C   Er hängt sich in entgegengesetzter Richtung in die Leine, um sich loszureißen.

D   Er gibt Vollgas und zerrt dich bis zur Haustür.

2. Wie geht dein Hund bei dir an der Leine?

A   Er läuft ständig in alle möglichen Richtungen.

B   Bei Fuß und im Takt mit dir.

C   Er zieht dich flott hinter sich her.

D   Widerwillig. Er schleicht lieber durch die Gegend.

3. Fast alle Hunde sind Gewohnheitstiere. Was ist die Lieblingsgassistrecke deines Hundes?

A Eine Wanderung kreuz und quer durch den Wald.

B Ein gemütlicher, gemeinsamer Genussspaziergang im Park.

C Über das offene Feld, wo er weit und schnell rennen kann.

D Vertraute Straßen, die nach Hause führen.

4. Du hast dich für einen Moment abgewandt. Was wird dein Hund wahrscheinlich tun?

A Sich nach Interessantem umschnuppern.

B An deiner Seite bleiben und warten, dass du ihn bemerkst.

C Abhauen. Du siehst nur noch die Staubwolke!

D Die Gelegenheit nutzen und sich an Ort und Stelle kratzen.

5. Du hast deinen Hund an einen ihm unbekannten Ort mitgenommen. Wie reagiert er?

A Seine Nase zuckt, er wedelt und kann es kaum erwarten, alles zu erkunden.

B Erst ist er nervös, aber mit sanftem Zureden beginnt er, sich zu entspannen.

C Er schaut sich zuerst alles an, dann zieht er los.

D Es missfällt ihm und er winselt laut.

6. Wohin macht dein Hund am liebsten einen Ausflug?

A Aufs Land.

B Mit dir durch die Geschäfte bummeln.

C An den Strand.

D In ein Café in der Nähe mit kulinarischen Highlights.

7. Ist dein Hund eine Wasser- oder Landratte?

A Wenn es im Wasser etwas Interessantes gibt, springt er sofort rein.

B Er bevorzugt festen Boden, Wasser macht ihm Angst.

C Er liebt es, den ganzen Tag zu planschen.

D Er wird abtauchen und sich verstecken, wenn du ihn rufst.

8. Auf euren Reisen kommst du mit einem Fremden ins Gespräch. Wie reagiert dein Hund?

A Er freut sich, neue Freundschaften zu schließen, schnuppert und schlabbert.

B Sein Beschützerinstinkt kommt hoch und er bellt laut.

C Er ist frustriert, dass diese Person ihm wertvolle Zeit zum Rennen raubt und zieht an der Leine.

D Er lässt sich hinter dir griesgrämig fallen.

9. **Du begibts dich auf eine Reise und nimmst deinen Hund im Auto mit. Was für ein Beifahrer ist er?**

A Er streckt den Kopf aus dem Fenster und wedelt – unterwegs ist er glücklich.

B Zusammengerollt in seiner Box sitzt er die Fahrt aus.

C Er tappt hin und her und wäre lieber draußen als in einem Wagen gefangen.

D Solange er nichts tun muss, ist es für ihn okay, die Welt an sich vorbeiziehen zu sehen.

Die Ergebnisse

Mr. Nervenkitzel

DOMINANT & EXTROVERTIERT

Das Leben ist eine Achterbahn – und er liebt sie! Er weiß, dass jede Minute des Tages voller Möglichkeiten steckt, von neuen Gerüchen und Geräuschen bis zu Leckerbissen und aufregenden Fundstücken. Er geht gerne neue Wege – auch wenn das bedeutet, alte Regeln zu brechen. Er bellt der Angst ins Gesicht, und obwohl er Regeln akzeptieren kann, geht er lieber seinen eigenen Weg. Abgesehen davon wird er sich revanchieren, wenn du ihm Neues bietest, und dich mit seinen Albernheiten unterhalten. Sein Geruchssinn und sein Erkundungsdrang lassen vermuten, dass er ein Pointer oder Spaniel ist, aber auch wenn nicht, steckt er voller Tatendrang. Er ist freundlich und wissbegierig, und wenn du den Trainingseinsatz erhöhst, bringst du ihn zum Wedeln. Mit täglichen Herausforderungen wird er aufblühen. Ein Hund, der zu allem bereit ist!

Der Hund von Welt

Der Flaneur

AUSGEGLICHEN & ANPASSUNGSFÄHIG

Er ist kein großer Fan der freien Natur. Das heißt aber nicht, dass er keinen Sinn für Spaß hat. An deiner Seite ist es am schönsten, und solange du glücklich bist, ist er es auch. Eure Beziehung beruht auf Zeit und Vertrauen. In deiner Nähe fühlt er sich sicher. Er will immer gefallen und erfreut sich an einfachen Dingen, vom gemütlichen Einkaufs-spaziergang bis zum Ballspielen im Park. Er braucht nicht weit zu laufen, denn er hat alles, was er braucht. Selbst wenn etwas draußen seine Neugier weckt, läuft er lieber in seinem eigenen Tempo und an der Leine, um sicher zu sein, dass du nur eine Pfote weit weg bist. Sicherheit ist das Wichtigste für ihn. Soll-test du dich irgendwie bedroht fühlen, vergisst er seine eigenen Ängste und lässt das Tier in sich von der Leine, damit jeder weiß, dass du ihm gehörst – ihm ganz allein!

C

Die Rennsemmel

AUSGEGLICHEN & UNABHÄNGIG

Rennen, rennen, rennen – das ist sein Motto bei allem. Wahrscheinlich handelt es sich um eine athletische Rasse wie einen Setter oder Saluki. Er ist sportlich, lebhaft und liebt es zu laufen. Die Weite macht ihm keine Angst, im Gegenteil: Je mehr Platz, desto besser, denn wenn er einmal durchgestartet ist, gibt es kein Halten mehr. Wenn du mit ihm nach draußen willst, zieh deine Laufschuhe an und sorge dafür, dass du selbst in Topform bist. Du wirst nicht mithalten, aber ihn zumindest im Blick behalten können. In seinen vier Wänden fühlt er sich nicht wohl. Er braucht regelmäßig und lange Auslauf, um seinen Bewegungsdrang zu stillen. Wenn er sein Pulver verschossen hat, wird er sich erschöpft mit deiner Gesellschaft und ein paar Leckerlis begnügen.

D

Das Faultier

DOMINANT & AUSGEGLICHEN

Man könnte meinen, er sei faul – und das stimmt sogar! Das Sofa ist sein bester Freund, genauso wie sein Körbchen, dein Bett und jede andere weiche Oberfläche. Abenteuer interessieren ihn nicht und das ist okay. Er ist mehr als zufrieden mit seinem Los, vor allem, wenn er viel mit dir kuscheln kann. Das heißt, er wird zwar mit nach draußen gehen, aber erwarte nicht, dass er es genießt. Dieser Stubenhocker wird auf jede erdenkliche Weise deutlich machen, dass er angesäuert ist – mit hängenden Kopf, in schwerfälligem Schleichgang oder der schieren Weigerung, sich zu bewegen. Insgeheim genießt er aber die frische Luft. Am liebsten erfreut er sich stehend oder sitzend an der Aussicht, während du dich abmühst. Er weiß, dass Bewegung gleich Anstrengung ist, und er ist zu sehr mit dem Nichtstun beschäftigt, als sich damit zu befassen.

Welcher Typ ist dein Hund?

Dein Hund mag sich nicht exakt in eine Kategorie einordnen lassen, dennoch kannst du seine wichtigsten Eigenschaften anhand der sechs Hundetypen (siehe Seite 9) erkennen. Dein Hund hat vielleicht immer im gleichen Bereich hohe Punktzahlen, oder seine Eigenschaften verteilen sich über alle sechs Kategorien. Doch ob das eine oder das andere zutrifft: Seine dominanten Eigenschaften aufzudecken, gibt dir eine Vorstellung von seinem wahren Wesen und von dem, was ihn antreibt. So kannst du in der Erziehung und beim Aufbau eurer Bindung den richtigen Ansatz wählen.

Unten findest du die sechs Hundetypen. Trage hier die Ergebnisse der neun Tests ein und setze einen Strich bei den Persönlichkeitstypen, die jeweils auf deinen Hund zutreffen. Wenn du die Striche zusammenzählst, erhältst du den wichtigsten Persönlichkeitstyp deines Hundes.

1. Dominant

.... **Gesamt:** ....

2. Ausgeglichen

.... **Gesamt:** ....

3. Extrovertiert

.... **Gesamt:** ....

4. Introvertiert

.... **Gesamt:** ....

5. Anpassungsfähig

.... **Gesamt:** ....

6. Unabhängig

.... **Gesamt:** ....

Zum Schluss

Die Tests in diesem Buch sollen dir helfen, deinen Hund besser zu verstehen und dir einen Einblick in seinen Charakter und seine Vorlieben geben. Zu wissen, wie dein Hund denkt, fühlt und zu dir steht, ist wichtig – denn so, wie du ihn auf einer tieferen Ebene verstehen möchtest, will auch er eine besondere Verbindung zu dir aufbauen.

Persönlichkeitstests können dir helfen, die Psyche deines Hundes zu ergründen. Es gibt aber noch viel mehr zu beachten. Genau wie Menschen entwickeln sich auch Hunde ständig weiter und lernen das Zusammenleben mit uns. Jeden Tag wird ihr Verhalten davon beeinflusst, wie sie sich emotional und körperlich fühlen, und auch von äußeren Aspekten wie früheren Erfahrungen und dem Geschehen um sie herum. Veränderungen in ihrer Umwelt können sich auf ihre Persönlichkeit auswirken, vor allem wenn sie Routine bevorzugen, und sie merken auch, wie es dir geht.

Dieses Buch bietet einen Anhaltspunkt, von dem aus du das wahre Wesen deines Hundes erforschen und Wege finden kannst, ihm zu helfen, ein angenehmes Hundeleben zu haben. Wenn dein Hund mehr Anreize braucht, kannst du ihm immer wieder Rätsel- und Suchspiele bieten, die seinen Kopf beschäftigen. Leidet er unter Trennungsangst, dann übe das Alleinbleiben, indem du für einige Minuten in einen anderen Raum gehst und die Zeit jeden Tag etwas verlängerst.

Je mehr du verstehst, wie er tickt, umso mehr lernst du, wie du ihn motivieren, seine Stimmung heben und wie du ihm ein Gefühl von Sicherheit, Geborgenheit und Liebe vermitteln kannst. Du merkst auch schneller, wenn etwas nicht stimmt oder wenn er Abwechslung braucht. Natürlich ist nichts in Stein gemeißelt. Hunde können voller Überraschungen stecken. Dadurch macht das Zusammenleben mit ihnen erst Spaß. Genieß das Abenteuer mit deinem Freund fürs Leben!

Mehr entdecken

Hundetypen und Rassen

Bei rund 400 verschiedenen Hunderassen auf der Welt gibt es für alle den richtigen Begleiter! Die Wahl der Rasse hängt davon ab, mit welcher Art Hund du dein Leben teilen möchtest und was du bieten kannst. Dabei spielt auch eine Rolle, wo du lebst und mit wem und wie viel Zeit und Erziehung du investieren kannst.

Wenn du weißt, was für einen Hund du suchst und was du ihm geben kannst, wirst du den passenden Hund finden können. Wie Menschen kommen Hunde in allen Formen und Größen daher. Manche sehen hübsch aus, andere sind witzig und superschlau. Manche riechen den Ärger schon von Weitem, andere glänzen als Teil eines Teams, sind stark und zielstrebig.

Bei der Suche nach dem richtigen Hund hilft, dass die Rassen in Kategorien eingeteilt werden, die beschreiben, zu welchem Zweck sie ursprünglich gezüchtet wurden. Das gibt dir einen Einblick in ihre natürlichen Instinkte und Triebe. Auf den folgenden Seiten werden einige der bekannteren Rassen aufgelistet. Passt dein Hund zum Profil seiner Rasse?

Hundekategorien

Designerhunde
Sie werden allgemein nicht als eigenständige Rassen anerkannt. Es handelt sich um Kreuzungen, die die Eigenschaften bestehender Rassen kombinieren. Sie werden also nicht für einen bestimmten Zweck gezüchtet. Sie sind wegen ihrer liebevollen und sanften Persönlichkeit beliebt. Ihre Bezeichnung verrät ihre Abstammung, etwa Cockapoo (Cocker Spaniel x Pudel). Bei diesen Hunden kann man Züge beider Elterntiere erwarten, sie können aber stark variieren. Pudel sind an vielen dieser Kreuzungen beteiligt.

Rassen:	Cockapoo, Labradoodle, Puggle, Yorkiepoo
Passende Profile:	Die klassische Eleganz (Seite 69), der Flaneur (Seite 115)

Apportier- und Vorstehhunde
Diese liebevollen Hunde sind äußerst gesellig und freundlich. Ursprünglich als Jagdgefährten gezüchtet, sind sie vielseitig begabt und können für ihre Menschen Wild jagen, aufspüren und apportieren.

Rassen:	Cocker Spaniel, Englischer Setter, Golden Retriever, Pointer
Passende Profile:	Der Optimist (Seite 54), der Jäger (Seite 92)

Mehr entdecken

Wind- und Laufhunde

Sie wurden ursprünglich für die Jagd gezüchtet und nutzen ihr außergewöhnliches Sehvermögen oder ihren ausgeprägten Geruchssinn, um Beute zu machen.

Rassen: Afghanischer Windhund, Basset, Beagle, Irischer Wolfshund

Passende Profile: Mr. Nervenkitzel (Seite 114), der Rebell (Seite 79)

Hütehunde

Sie wurden gezüchtet, um zu hüten und zu schützen. Die Hunde sind sehr aktiv und werden bei Nutztieren wie Schafen, Rindern oder Rentieren eingesetzt, um diese vor Raubtieren zu schützen.

Rassen: Border Collie, Deutscher Schäferhund, Finnischer Lapphund, Old English Sheepdog

Passende Profile: Der Olympionike (Seite 78), der Leibwächter (Seite 105)

Terrier

Ursprünglich gezüchtet, um Schädlinge zu jagen und zu töten, sind Terrier sehr mutig und aktiv. Mit ihrem Raubtiercharakter verfügen sie über große Energie und brauchen viel Anregung, um glücklich zu sein. Auch mit anderen Hunden, insbesondere mit anderen Terriern, sind sie nicht immer einer Meinung.

Rassen: Bullterrier, Jack Russell Terrier, Foxterrier, Staffordshire Bullterrier

Passende Profile: Der Workaholic (Seite 31), der Wildfang (Seite 68)

Zwerghunde

Diese kleinen Hunde wurden als Begleiter für Reiche und Könige gezüchtet. Im Gegensatz zu anderen Hunderassen ist das Zuchtziel nicht, eine bestimmte Aufgabe zu erfüllen. Durch ihr liebes Wesen lässt sich leicht eine Beziehung zu ihnen aufbauen.

Rassen: Bichon Frisé, Cavalier King Charles Spaniel, Mops, Zwergspitz

Passende Profile: Der Poser (Seite 67), der Seelenhund (Seite 102)

Arbeitshunde

Diese Hunde wurden für bestimmte Aufgaben wie das Bewachen, Schlittenziehen oder Retten von Menschen gezüchtet. Sie sind stark, fleißig und zielstrebig, können aber auch sanft sein.

Rassen: Bernhardiner, Boxer, Deutscher Pinscher, Neufundländer

Passende Profile: Der Genießer (Seite 30), der Guru (Seite 43)

Weitere Informationen

Dr. David Brunner, Sam Stall, *Hund – Betriebsanleitung: Inbetriebnahme, Wartung und Instandhaltung,*Goldmann Verlag (2015)

Maren Grote, *Hunde lesen lernen: Hundeverhalten – praxisnah erklärt*, Franckh Kosmos Verlag (2022)

Mirko Tomasini, *Hunden richtig zuhören*, Verlag Eugen Ulmer (2021)

Franziska Weyer, Nicole Lützenkirchen, *111 Dinge über Hunde, die man wissen muss*, Emons Verlag (2023)

Andreas Ohligschläger, *Seelenpartner Hund*, GRÄFE UND UNZER Verlag GmbH (2023)

www.kommstdu-hierher.de
Blog mit Geschichten vom Hundehalten und Menschsein – aber vor allem zum Schmunzeln.

www.verpinscht.de
Blog für Hundebesitzer u. a. zu den Themen Reisen mit Hund und Ernährung.

www.blogmitwuff.de
Liebevoller Hundeblog rund um Hundehaltung, Petfluencer und das Thema Steuern.

www.lottesabenteuer.de
Hilfreiche Produkttests und Einblicke in das Leben und Reisen mit Hund.

www.easy-dogs.net/blog
Umfangreiche Tipps rund um den freundschaftlichen und fairen Umgang mit dem Hund von echten Hunde-Experten.

Über die Autorin

Alison Davies schreibt für zahlreiche Zeitschriften und hat über 40 Bücher zu verschiedenen Themen wie Tiere, Astrologie und Selbsthilfe verfasst. Sie ist unter anderem Autorin des Bestsellers *Be More Dog* und schreibt regelmäßig in der britischen Zeitschrift *Take a Break Pets* über Themen rund um den Hund.

Über die Illustratorin

Alissa Levy von @LevysFriends wurde in der Ukraine geboren und lebt und arbeitet heute in Deutschland. Ihre Arbeiten handeln von Menschen, ihren Haustieren und deren wunderbaren und lustigen Beziehungen.

Mehr entdecken

Text: Alison Davies
Bildnachweis: Alle Illustrationen © 2022 Alissa Levy
Übersetzung: Antje Becker, Marburg
Satz und Redaktion: booklab GmbH, München
Gesamtherstellung: 1010 Printing International
Printed in China

Wuff - Wie gut kennst du deinen Hund?
GTIN 978-3-8485-0258-5
Die Originalausgabe erschien 2022 unter dem Titel DOG PAWSONALITY TEST
bei White Lion Publishing, an imprint of The Quarto Group, London.
Copyright der Originalausgabe © 2022 Quarto Group plc
Copyright der deutschsprachigen Ausgabe © 2023 Groh Verlag.
Ein Imprint der Verlagsgruppe Droemer Knaur GmbH & Co. KG, München

www.geschenkverlage.de